科学探秘
培养儿童科学基础素养

了解昼夜
不喜欢夜晚的国王

温会会 / 文　曾平 / 绘

浙江摄影出版社

全国百佳图书出版单位

从前，有一位喜爱阳光的国王。
"哇，我喜欢亮堂堂的白天！"
灿烂的阳光下，国王尽情地玩乐着。

2

太阳落山了，夜幕渐渐降临。
"哎，我不喜欢黑漆漆的夜晚！"
顶着沉沉的夜色，国王无奈地去睡觉了。

4

这一天傍晚，国王看着渐渐消失的太阳，对大臣们说："把太阳给我抓住，别让它下山！"

"遵命！"大臣们跑到山顶，使劲地抓啊抓……

过了一会儿，大臣们空手而归，哭丧着脸说："国王，太阳抓不到啊！"

　　国王十分生气，他下了一道命令："谁能够抓住太阳，谁就能得到黄金万两！"
　　听到消息的子民们纷纷行动起来，想出各种办法抓太阳。

有的找来一个大大的箱子，想把太阳装进去；有的挥舞着长长的绳子，想把太阳拉下来；还有的念起了咒语，想用魔法阻止太阳下山。

王国里，有一位聪明的大臣。

"太阳可比地球大多了！如果说太阳是篮球，那地球只是一颗小米粒，而地球上的人就像小小的蚂蚁。人怎么可能抓得住太阳呢？"大臣说。

国王听了大臣的话，恍然大悟。

他问大臣："为什么太阳会下山？"

大臣认真地说："其实太阳并没有动，是地球在自转。在这个过程中，阳光只能照亮地球的一半，这就产生了白天与黑夜。"

国王一听，笑着说："那好办，我们让地球别转，不就行了！"

大臣摇摇头，说："尊敬的国王，我们没办法阻止地球的转动。不过，我有个好主意！"

"什么好主意？快说来听听！"国王好奇地问。
　　"只要朝着太阳落山的方向，追着太阳跑，太阳就永远不会落山。"大臣笑眯眯地说。
　　"好，就这么办！"国王高兴地说。

　　接下来的每一天，士兵们抬着国王，不停地追赶太阳。

　　"快快快！"国王喊。

就这样，一群人拼命地跑啊跑，累得气喘吁吁。
"哼哧哼哧……"
渐渐地，大家越跑越慢，最后瘫倒在地上。

　　国王、大臣和士兵们都耷拉着眼皮，瞌睡虫来了！

　　"奇怪，我喜欢的白天明明还在，我怎么没精神了呢？"国王说。

　　"国王，因为您没有睡觉。有了夜晚的休息，人在白天才有精神。"大臣说。

国王点点头，后悔地说："白天变长了，但我没精神玩了，真没意思！"

于是，国王下令，停止追赶太阳。

此后，到了静谧的夜晚，大家都睡得很香……

责任编辑　陈　一
文字编辑　徐　伟
责任校对　朱晓波
责任印制　汪立峰

项目设计　北视国

图书在版编目（ＣＩＰ）数据

了解昼夜：不喜欢夜晚的国王 / 温会会文；曾平
绘 . -- 杭州：浙江摄影出版社，2022.8
（科学探秘·培养儿童科学基础素养）
ISBN 978-7-5514-4035-6

Ⅰ．①了… Ⅱ．①温… ②曾… Ⅲ．①昼夜变化－儿
童读物 Ⅳ．① P193-49

中国版本图书馆 CIP 数据核字（2022）第 127784 号

LIAOJIE ZHOUYE : BU XIHUAN YEWAN DE GUOWANG

了解昼夜：不喜欢夜晚的国王
（科学探秘·培养儿童科学基础素养）

温会会 / 文　曾平 / 绘

全国百佳图书出版单位
浙江摄影出版社出版发行
　　　地址：杭州市体育场路 347 号
　　　邮编：310006
　　　电话：0571-85151082
　　　网址：www.photo.zjcb.com
制版：北京北视国文化传媒有限公司
印刷：唐山富达印务有限公司
开本： 889mm×1194mm　1/16
印张： 2
2022 年 8 月第 1 版　　2022 年 8 月第 1 次印刷
ISBN 978-7-5514-4035-6
定价： 39.80 元